哈哈哈！有趣的动物（第一辑）

松鼠

〔法〕蒂埃里·德迪厄 著

大南南 译

湖南教育出版社

·长沙·

猜猜我在扮演什么：

1. 松鼠？

2. 保姆？

3. 巫师？

我正在扫帚上方扫地，

签署：

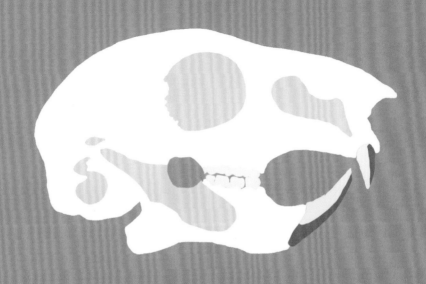

松鼠是啮（niè）齿类动物，
它的门牙非常发达。

松鼠找到什么就吃什么，
坚果、树皮、鲜花、
蘑菇、昆虫……

它总是害怕找不到吃的，
所以有储存食物的习惯。

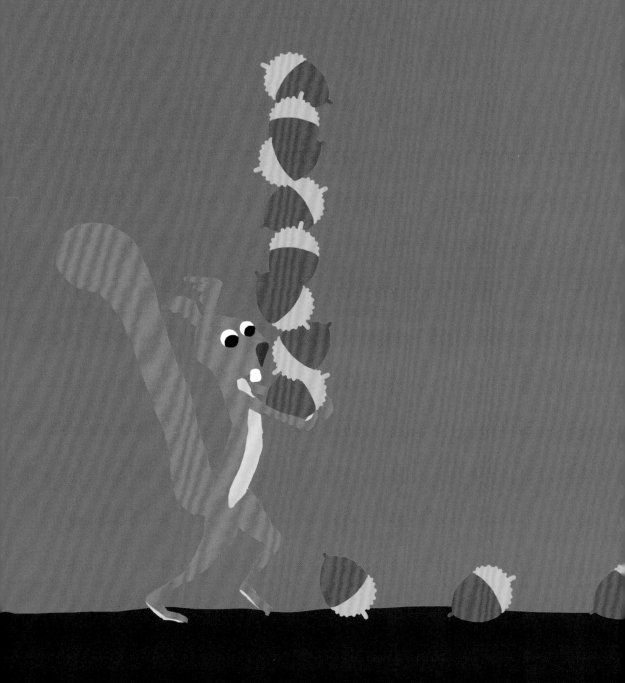

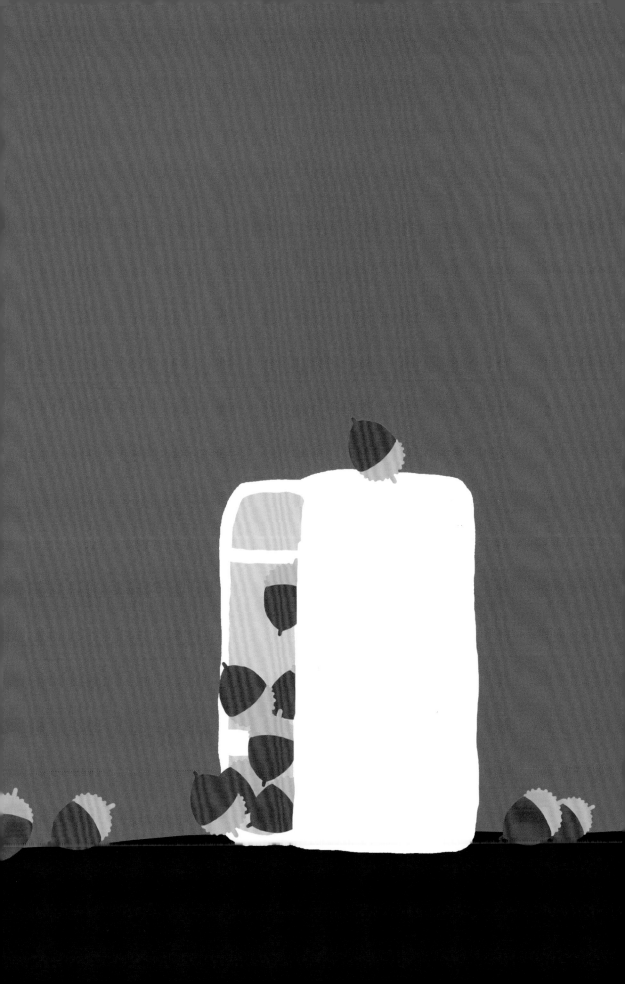

有时，松鼠会忘了藏起来的种子。
这为植树造林做出了贡献。

松鼠像鸟一样，
在树上筑巢。

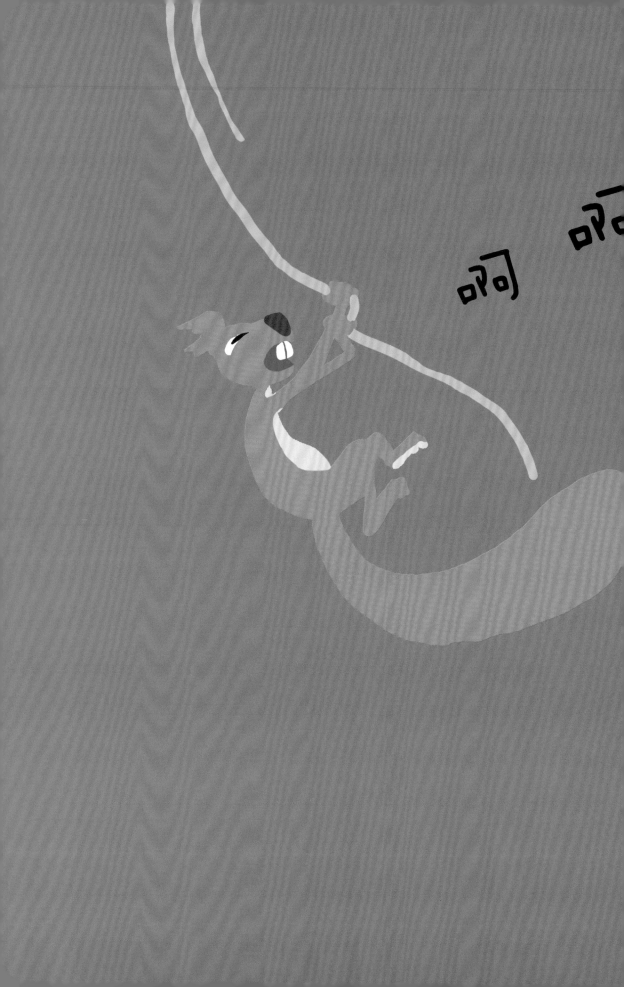

啊呜噢

松鼠非常灵敏，
可以从一根树枝跳到另一根树枝。

松鼠的大尾巴可以帮助它保持身体平衡。

松鼠不冬眠。

有些松鼠会飞。

松鼠最大的敌人是
貂、猫、苍鹰、汽车！

我不会长出胡子吧？
这个问题很严重。

如何带着一岁的孩子读
《哈哈哈！
有趣的动物》

一岁的孩子就能读科普书？

没错，因为这是永田达爷爷特别为低龄小朋友准备的启蒙科普书。家长们会发现，这本书的文字量很少，画面传递的信息非常精简，但是非常有趣，特别适合爸爸妈妈跟孩子进行亲子阅读。

赶紧和孩子一起打开这本《松鼠》，跟着永田达爷爷一起来观察松鼠吧！

请孩子观察一下松鼠，说一说它都有什么特点。如果孩子对松鼠毛茸茸的大尾巴印象深刻，还可以请孩子猜一猜，松鼠的尾巴都有什么用？看完之后，可以请孩子回忆一下，松鼠喜欢吃什么？生活在哪里？松鼠非常灵敏，能从一根树枝跳到另一根树枝，请孩子想一想，这跟什么动物很像呢？而且，有些松鼠可是会飞的呦，找来视频给孩子看一看这种神奇的飞鼠吧！

图书在版编目（CIP）数据

哈哈哈！有趣的动物. 第一辑. 松鼠 / (法) 蒂埃里·德迪厄著；大南
南译. 一长沙：湖南教育出版社，2022.11
ISBN 978-7-5539-9284-6

Ⅰ.①哈… Ⅱ.①蒂… ②大… Ⅲ.①松鼠－儿童读物 Ⅳ.①Q95-49

中国版本图书馆CIP数据核字（2022）第190722号

First published in France under the title:
L'Écureuil
Tatsu Nagata
© Éditions du Seuil, 2019
著作权合同登记号：18-2022-213

HAHAHA! YOUQU DE DONGWU DI-YI JI SONGSHU
哈哈哈！有趣的动物 第一辑　松鼠

责任编辑：姚晶晶　陈慧娜　李静茹
责任校对：王怀玉
封面设计：熊　婷
出版发行：湖南教育出版社（长沙市韶山北路443号）
电子邮箱：hnjycbs@sina.com
客服电话：0731-85486979
经　　销：湖南省新华书店
印　　刷：长沙新湘诚印刷有限公司
开　　本：787 mm×1092 mm　1/16
印　　张：1.75
字　　数：10千字
版　　次：2022年11月第1版
印　　次：2022年11月第1次印刷
书　　号：ISBN978-7-5539-9284-6
定　　价：152.00 元（全8册）

本书若有印刷、装订错误，可向承印厂调换。